うんこドリル

東京大学との共同研究で学力向上・学習意欲向上が実証されました！

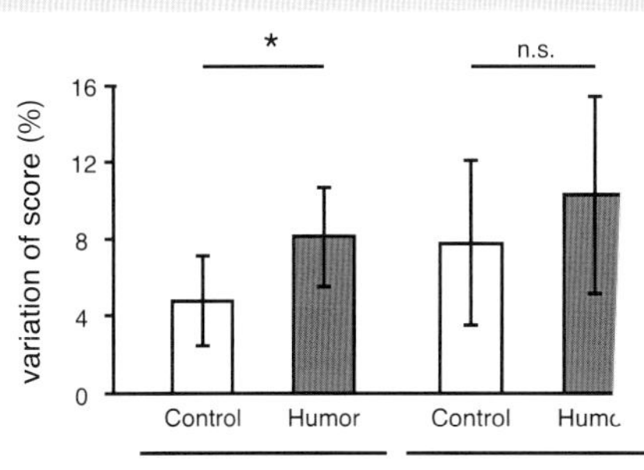

※「うんこドリル」とうんこではないドリルの、正答率の上昇を示したもの。
Control＝うんこではないドリル ／ Humor＝うんこドリル
Reading section＝読み問題 ／ Writing section＝書き問題

オレンジのグラフがうんこドリルの学習効果なのじゃ！

うんこドリルで学習した場合の成績の上昇率は、うんこではないドリルで学習した場合と比較して約60%高いという結果になったのじゃ！

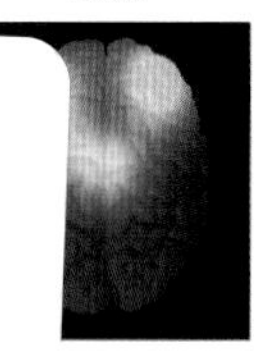

…の、脳領域の活動の違いをカラーマップで表したもの。左から「アルファ波」「ベータ波」…ほど、うんこドリル閲覧時における脳波の動きが大きかった。

明るくなっているところが、うんこドリルが優位に働いたところなのじゃ！

うんこドリルで学習した場合「記憶の定着」に効果的であることが確認されたのじゃ！

共同研究　東京大学薬学部　池谷裕二教授

1998年に東京大学にて薬学博士号を取得。2002〜2005年にコロンビア大学（米ニューヨーク）に留学をはさみ、2014年より現職。専門分野は神経生理学で、脳の健康について探究している。また、2018年よりERATO脳AI融合プロジェクトの代表を務め、AIチップの脳移植による新たな知能の開拓を目指している。
文部科学大臣表彰 若手科学者賞（2008年）、日本学術振興会賞（2013年）、日本学士院学術奨励賞（2013年）などを受賞。

著書：『海馬』『記憶力を強くする』『進化しすぎた脳』
論文：Science 304:559、2004、同誌 311:599、2011、同誌 335:353、2012

先生のコメントはウラへ ➡

考察　池谷裕二教授より

教育において、ユーモアは児童・生徒を学習内容に注目させるために広く用いられます。先行研究によれば、ユーモアを含む教材では、ユーモアのない教材を用いたときよりも学習成績が高くなる傾向があることが示されていました。これらの結果は、ユーモアによって児童・生徒の注意力がより強く喚起されることで生じたものと考えられますが、ユーモアと注意力の関係を示す直接的な証拠は示されてきませんでした。そこで本研究では9～10歳の子どもを対象に、電気生理学的アプローチを用いて、ユーモアが注意力に及ぼす影響を評価することとしました。

本研究では、ユーモアが脳波と記憶に及ぼす影響を統合的に検討しました。心理学の分野では、ユーモアが学習促進に役立つことが提唱されていますが、ユーモアが学習における集中力にどのような影響を与え、学習を促すのかについてはほとんど知られていません。しかし、記憶のエンコーディングにおいて遅いγ帯域の脳波が増加することが報告されていることと、今回我々が示した結果から、ユーモアは遅いγ波を増強することで学習促進に有用であることが示唆されます。
さらに、ユーモア刺激によるβ波強度の増加も観察されました。β波の活動は視覚的注意と関連していることが知られていること、集中力の程度は体の動きで評価できることから、本研究の結果からは、ユーモアがβ波強度の増加を介して集中度を高めている可能性が考えられます。

これらの結果は、ユーモアが学習に良い影響を与えるという
instructional humor processing theory を支持するものです。

※ J. Neuronet., 1028:1-13, 2020　http://neuronet.jp/jneuronet/007.pdf

東京大学薬学部　池谷裕二教授

1年生で ならった ひき算

1年生で ならった ひき算の ふくしゅうだよ。
くり下がりの ある ひき算は，10いくつを
10と いくつに 分けて 考えるんだったね。

0~2こ よくできたね！

3~5こ できたね

6こ~ がんばれ

1 ひき算を しましょう。

① 4－3＝	② 5－2
③ 10－3	④ 10－8
⑤ 6－0	⑥ 5－5
⑦ 14－4	⑧ 12－2
⑨ 17－5	⑩ 16－3
⑪ 19－4	⑫ 14－1
⑬ 13－4	⑭ 11－5
⑮ 14－6	⑯ 12－8
⑰ 17－8	⑱ 15－9
⑲ 12－5	⑳ 16－8
㉑ 13－6	㉒ 11－9

2 ひき算(ざん)を しましょう。

① 9－2－2 ＝5
② 7－3－1
③ 10－4－5
④ 18－8－4
⑤ 80－50
⑥ 100－30
⑦ 39－9
⑧ 87－7
⑨ 55－4
⑩ 67－2
⑪ 29－7
⑫ 98－5

おしゃれ！

うんこファッションカタログ

unko fashion catalog

1

うんこハット

unko hat

ちょっとしたパーティーなどに…

□ 11810円

くり下がりの　ない
ひき算の　ひっ算①

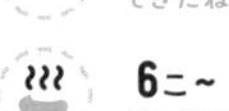

一のくらいは　一のくらいどうし，十のくらいは　十のくらいどうしで　それぞれ　計算するよ。

1 37－15の　ひっ算の　しかたを　考えます。

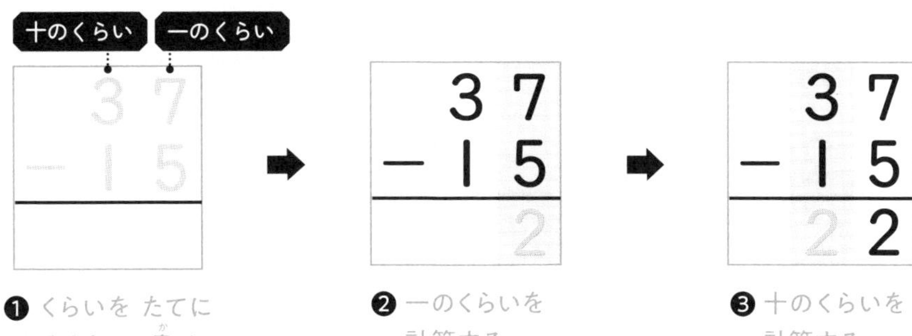

2 ひっ算を　しましょう。

① 58－26 (32)
② 72－41
③ 70－20
④ 68－52
⑤ 76－6
⑥ 95－40
⑦ 38－3
⑧ 44－40
⑨ 89－82

3 ひっ算を　しましょう。

① $\begin{array}{r} 25 \\ -\ 13 \\ \hline 12 \end{array}$　② $\begin{array}{r} 57 \\ -\ 25 \\ \hline \end{array}$　③ $\begin{array}{r} 80 \\ -\ 40 \\ \hline \end{array}$

④ $\begin{array}{r} 95 \\ -\ 21 \\ \hline \end{array}$　⑤ $\begin{array}{r} 49 \\ -\ \ \ 9 \\ \hline \end{array}$　⑥ $\begin{array}{r} 39 \\ -\ 16 \\ \hline \end{array}$

⑦ $\begin{array}{r} 64 \\ -\ \ \ 2 \\ \hline \end{array}$　⑧ $\begin{array}{r} 28 \\ -\ 17 \\ \hline \end{array}$　⑨ $\begin{array}{r} 53 \\ -\ 50 \\ \hline \end{array}$

うんこ文章題に チャレンジ！ 1

うんこを　頭に　のせた　おじさんが
公園に　56人　あつまって　います。
夜に　なると，24人が　いなく　なりました。
のこった　おじさんは　何人ですか。

しき

答え ＿＿＿＿＿ 人

くり下がりの ない ひき算の ひっ算②

ひっ算を する ときは，くらいを たてに そろえて 書くよ。しっかり れんしゅうしよう。

1 ひっ算で しましょう。

① 44－31

② 78－54

③ 98－78

④ 58－6

ひっ算は，くらいごとに たてに そろえて 書こう。

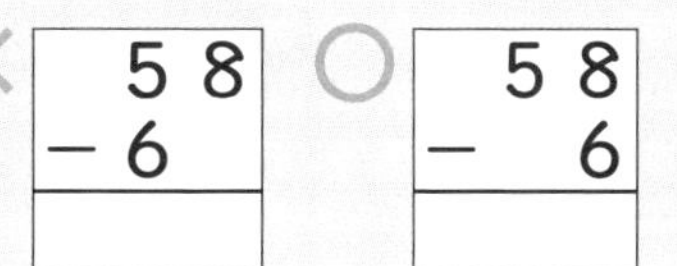

⑤ 77－3

⑥ 53－20

⑦ 66－41

⑧ 84－50

⑨ 70－30

⑩ 38－8

⑪ 69－32

⑫ 86－2

⑬ 97－34

2 ひっ算（さん）で　しましょう。

① 54－42

 54
－42

② 27－4

③ 18－15

④ 80－20

⑤ 96－95

⑥ 65－5

⑦ 48－16

⑧ 79－28

⑨ 88－70

テスト（てすと）に出（で）るうんこ

おしゃれ！

うんこファッションカタログ

unko fashion catalog

2

うんこマフラー

unko muffler

冬（ふゆ）の　さむさも
おしゃれに
かいけつ

□ 9600円

くり下がりの　ある ひき算の　ひっ算①

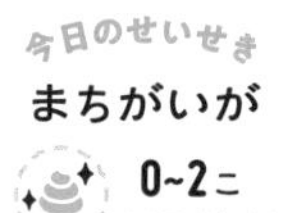

0~2こ よくできたね!

3~5こ できたね

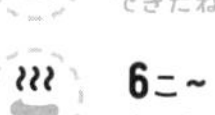
6こ~ がんばれ

一のくらいの　ひき算で，くり下がりの　ある　ひっ算だよ。
くり下げた　ことに　気を　つけて　計算しよう。

1　45−28の　ひっ算の　しかたを　考えます。

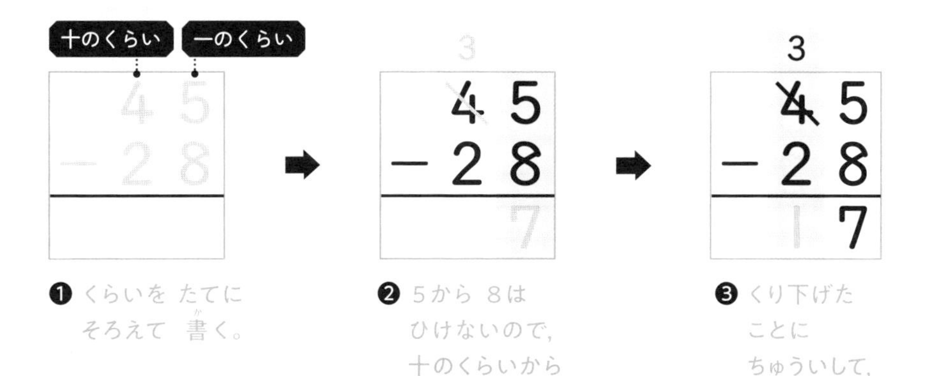

❶ くらいを　たてに　そろえて　書く。

❷ 5から　8は　ひけないので，十のくらいから　1　くり下げて　計算する。

❸ くり下げた　ことに　ちゅういして，十のくらいを　計算する。

2　ひっ算を　しましょう。

① $\begin{array}{r} 23 \\ -16 \\ \hline 7 \end{array}$

② $\begin{array}{r} 52 \\ -27 \\ \hline \end{array}$

③ $\begin{array}{r} 43 \\ -17 \\ \hline \end{array}$

④ $\begin{array}{r} 75 \\ -18 \\ \hline \end{array}$

⑤ $\begin{array}{r} 34 \\ -5 \\ \hline \end{array}$

⑥ $\begin{array}{r} 60 \\ -24 \\ \hline \end{array}$

⑦ $\begin{array}{r} 40 \\ -32 \\ \hline \end{array}$

⑧ $\begin{array}{r} 82 \\ -67 \\ \hline \end{array}$

⑨ $\begin{array}{r} 51 \\ -3 \\ \hline \end{array}$

3 ひっ算を　しましょう。

① $\begin{array}{r} 31 \\ -14 \\ \hline 17 \end{array}$

② $\begin{array}{r} 91 \\ -\ \ 2 \\ \hline \end{array}$

③ $\begin{array}{r} 63 \\ -45 \\ \hline \end{array}$

④ $\begin{array}{r} 80 \\ -37 \\ \hline \end{array}$

⑤ $\begin{array}{r} 41 \\ -28 \\ \hline \end{array}$

⑥ $\begin{array}{r} 53 \\ -\ \ 9 \\ \hline \end{array}$

⑦ $\begin{array}{r} 73 \\ -59 \\ \hline \end{array}$

⑧ $\begin{array}{r} 20 \\ -11 \\ \hline \end{array}$

⑨ $\begin{array}{r} 86 \\ -17 \\ \hline \end{array}$

うんこ文章題に チャレンジ！ 2

　たつきくんが　うんこを　がまんしながら，
85もん　ある　テストを　といて　います。
今，68もん　おわりました。
すべて　といてから　トイレに　行くと　すると，
あと　何もん　とかないと　いけませんか。

しき

答え ＿＿＿＿ もん

くり下がりの　ある　ひき算の　ひっ算②

今日のせいせき
まちがいが
0~2こ　よくできたね！
3~5こ　できたね
6こ~　がんばれ

くり下がりが　ある　ときは，くり下げた　ことを　わすれないように，線を　ひくなど　しるしを　つけよう。

1　ひっ算で　しましょう。

① 65－37

くり下げた　数に　しるしを　つけて，くり下げた　あとの　数を　上に　書く　ことで，まちがいを　へらせるよ。

```
   5
   6 5
 － 3 7
```

② 24－15

③ 82－4

④ 73－35

⑤ 62－7

⑥ 55－48

⑦ 40－25

⑧ 85－47

⑨ 35－6

⑩ 70－54

⑪ 61－16

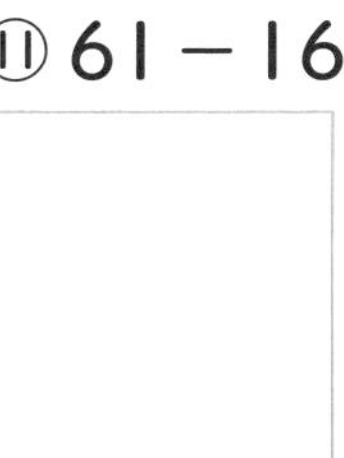

⑫ 20－14

⑬ 43－9

2 ひっ算[さん]で　しましょう。

① 52－15　② 33－27　③ 60－52　④ 41－2　⑤ 74－59

⑥ 95－77　⑦ 23－5　⑧ 82－29　⑨ 50－3

おしゃれ！

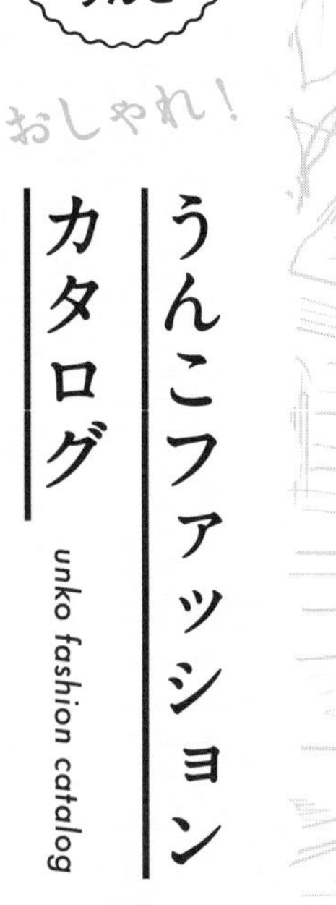

うんこシューズ

unko shoes

おしゃれは　足元[あしもと]から　ぜったい！

□ 24000円

くり下がりの ある ひき算の ひっ算③

今日のせいせき
まちがいが
0~2こ よくできたね!
3~5こ できたね
6こ~ がんばれ

くり下がった あとの 数を 書いて おく ことで、ひっ算の まちがいを へらせるよ。

1 ひっ算を しましょう。

① 42 − 18 (24)

② 72 − 6

③ 61 − 47

④ 94 − 9

⑤ 30 − 25

⑥ 54 − 38

2 ひっ算で しましょう。

① 87 − 29

② 52 − 4

③ 92 − 17

④ 60 − 13

⑤ 44 − 8

⑥ 76 − 27

⑦ 90 − 1

⑧ 71 − 34

⑨ 95 − 88

うんこ先生からの ちょうせんじょう 1

～だれの うんこかな？～

うんこを 15こ したのは だれかな？
みんなの お話を 読んで 考えよう。

それぞれ うんこを 何こ したのかも 書こう。

20こより 4こ 少なかったよ。

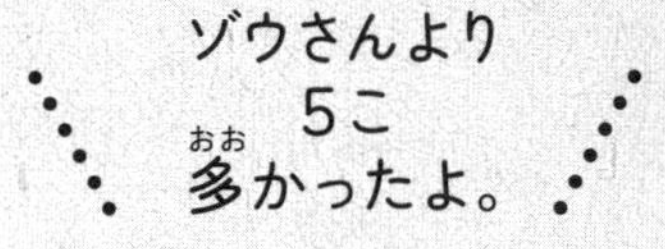

ゾウさんより 5こ 多かったよ。

ゾウ　　こ

パンダ　　こ

パンダさんより 12こ 少なかったよ。

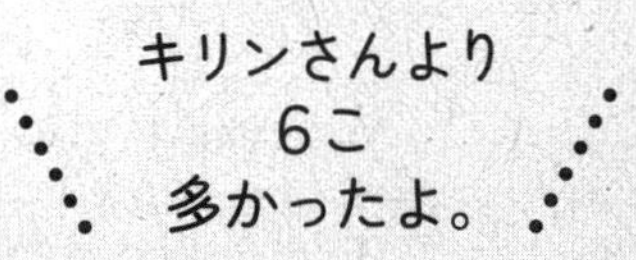

キリンさんより 6こ 多かったよ。

キリン　　こ

カバ　　こ

15この うんこは、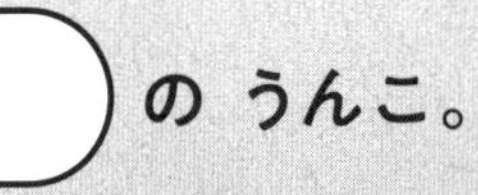 の うんこ。

7 かくにんテスト 1

点

1 答えが 30より 小さく なる しきを すべて えらんで，記ごうを 書きましょう。 〈ぜんぶ できて 10点〉

Ⓐ あ 46－23　　い 43－12　　う 61－29

え 56－28　　お 74－47　　か 92－61

き 81－47　　く 68－39　　け 38－7

2 ひっ算を しましょう。 〈1つ 3点〉

① 51－46　② 35－24　③ 20－18

④ 63－12　⑤ 42－5　⑥ 98－55

⑦ 70－25　⑧ 67－4　⑨ 91－43

3 ひっ算で　しましょう。

〈1つ　3点〉

① 36－11

② 43－26

③ 84－80

④ 58－35

⑤ 61－37

⑥ 47－2

⑦ 73－8

⑧ 80－50

⑨ 75－22

⑩ 40－37

⑪ 66－24

⑫ 90－49

4 つぎの　絵に　あう「うんこファッション」は　どれですか。

〈27点〉

あ うんこハット

い うんこマフラー

う うんこシューズ

100を こえる 数

1000までの 数を 知ろう。100が いくつ，10が いくつ，1が いくつかを 考えると イメージしやすいよ。

1 □に あう 数を 書きましょう。

① 五百二十三を 数字で あらわすと，□です。

② 七百六を 数字で あらわすと，□です。

③ 100を 8こ，10を 7こ，1を 3こ あわせた 数は，□です。

④ 1000より 60 小さい 数は，□です。

⑤ 1000より 1 小さい 数は，□です。

2 ひき算を しましょう。

① 140−60=80 ② 160−90

③ 130−80 ④ 110−30

⑤ 150−90 ⑥ 120−50

⑦ 130−70 ⑧ 180−90

3 ひき算を　しましょう。

① 700－400　② 400－300

③ 900－200　④ 900－500

⑤ 600－400　⑥ 800－300

4 ひき算を　しましょう。

① 260－60　② 404－4

③ 580－80　④ 990－90

⑤ 603－3　⑥ 709－9

うんこ文章題に チャレンジ! 3

てつぼうに　うんこが　150こ　ぶら下がって　います。権田原先生が　70こ　引きちぎりました。てつぼうに　ぶら下がって　いるうんこは　何こに　なりましたか。

しき

答え ＿＿＿＿＿ こ

百のくらいから　くり下がる ひき算の　ひっ算①

今日のせいせき
まちがいが
0~2こ よくできたね!
3~5こ できたね
6こ~ がんばれ

十のくらいの　計算で　ひけない　ときは，百のくらいから　くり下げるよ。くり下げた　ことを　わすれないようにね。

1　168－95の　ひっ算の　しかたを　考えます。

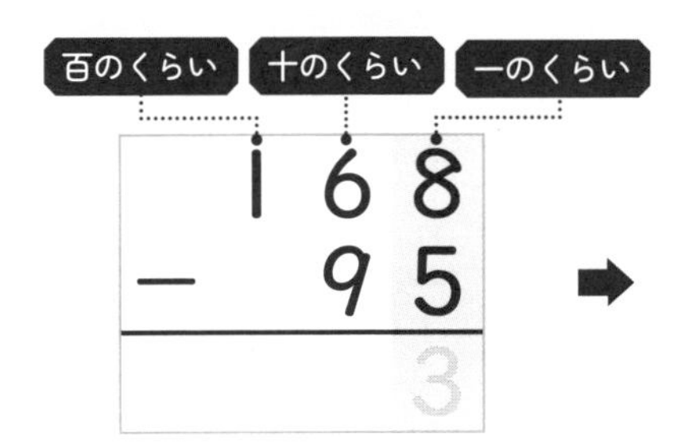

➡

168
－ 95
73

❶ くらいを　たてに　そろえて　書く。

❷ 一のくらいを　計算する。

❸ 十のくらいを　計算する。
6から　9は　ひけないので，百のくらいから　1　くり下げる。

2　ひっ算を　しましょう。

①
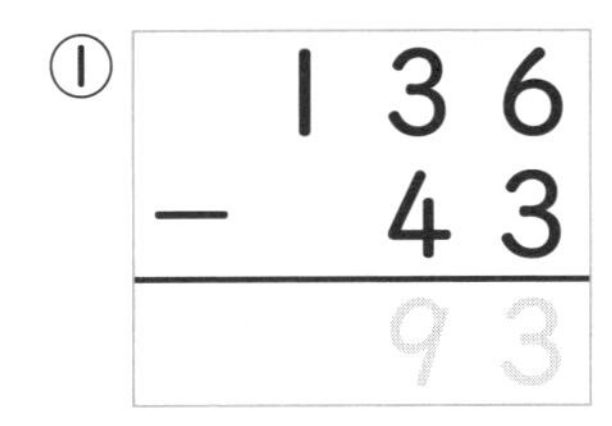

②
157
－ 75

③
129
－ 51

④
175
－ 90

⑤
144
－ 83

⑥
108
－ 12

3 ひっ算を　しましょう。

① $$\begin{array}{r} 117 \\ -\ \ 64 \\ \hline 53 \end{array}$$

② $$\begin{array}{r} 149 \\ -\ \ 72 \\ \hline \end{array}$$

③ $$\begin{array}{r} 133 \\ -\ \ 51 \\ \hline \end{array}$$

④ $$\begin{array}{r} 126 \\ -\ \ 50 \\ \hline \end{array}$$

⑤ $$\begin{array}{r} 185 \\ -\ \ 95 \\ \hline \end{array}$$

⑥ $$\begin{array}{r} 159 \\ -\ \ 81 \\ \hline \end{array}$$

うんこ文章題に チャレンジ！ 4

お父さんは　135しゅるいの　うんこを　もって　います。ぼくは　63しゅるいの　うんこを　もって　います。お父さんは，ぼくより　何しゅるい　多くの　うんこを　もって　いますか。

ひっ算

しき

答え　＿＿＿＿＿＿ しゅるい

百のくらいから　くり下がる ひき算(ざん)の　ひっ算②

今日のせいせき
まちがいが
0~2こ よくできたね！
3~5こ できたね
6こ~ がんばれ

くらいを　たてに　そろえて　書(か)き，くらいごとに 計算(けいさん)して　いく　ことを　しっかり　みに　つけよう。

1 ひっ算で　しましょう。

① 117－20

② 166－71

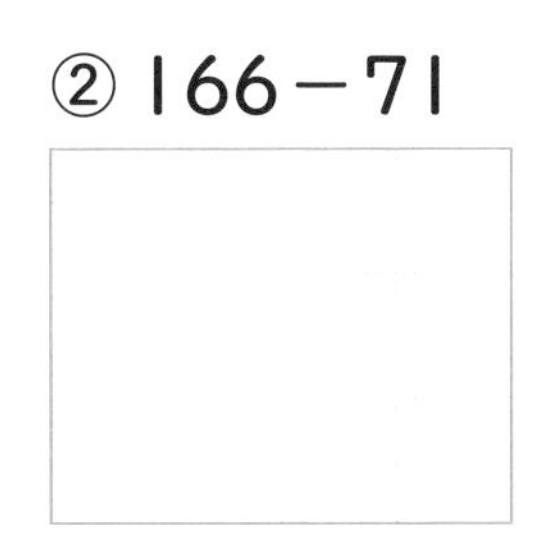

③ 177－93

④ 132－40

⑤ 101－11

⑥ 146－84

⑦ 159－60

⑧ 125－82

⑨ 188－97

⑩ 107－74

うんこ先生からの

ちょうせんじょう 2

~どんな顔(かお)?~

うんこ先生から いろいろな ものを ひくと どう なるかな?
下の ㋐~㋒から えらんで, □に 書(か)こう。

② − めがね =

どれに なるかな?

㋐~㋒は, わしから
何(なに)を ひいた 顔かな?

くり下がりが 2回 ある ひき算の ひっ算①

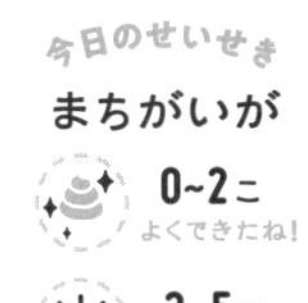
今日のせいせき
まちがいが

0~2こ よくできたね！
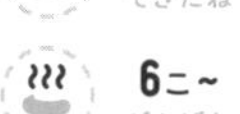
3~5こ できたね
6こ~ がんばれ

十のくらい，百のくらいから それぞれ
くり下がりが ある ひき算の ひっ算だよ。

1 135－48の ひっ算の しかたを 考えます。

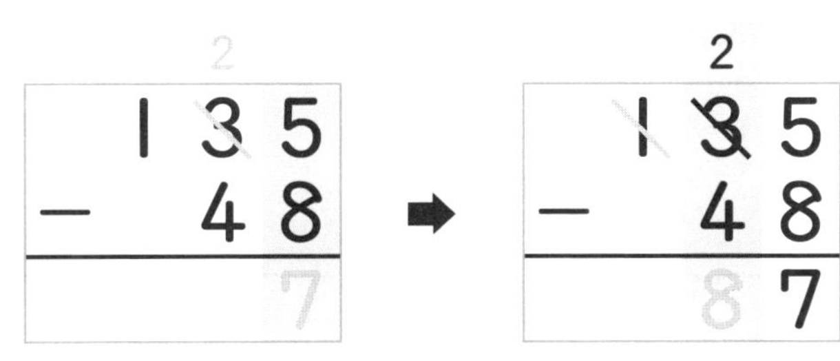

❶ くらいを たてに そろえて 書く。
❷ 一のくらいを 計算する。5から 8は ひけないので，十のくらいから 1 くり下げる。

❸ 1 くり下げた ことに ちゅういして，十のくらいを 計算する。2から 4は ひけないので，百のくらいから 1 くり下げる。

2 ひっ算を しましょう。

① 111 － 25 = 86

② 134 － 85

③ 143 － 46

④ 162 － 74

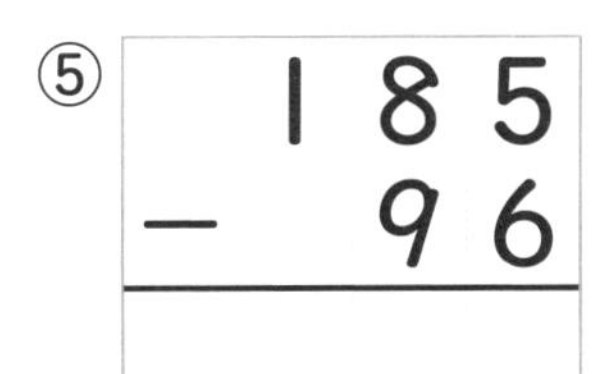

⑤ 185 － 96

⑥ 150 － 63

3 ひっ算(さん)を しましょう。

①
$$\begin{array}{r} 156 \\ -\ \ 88 \\ \hline 68 \end{array}$$

②
$$\begin{array}{r} 138 \\ -\ \ 59 \\ \hline \end{array}$$

③
$$\begin{array}{r} 124 \\ -\ \ 28 \\ \hline \end{array}$$

④
$$\begin{array}{r} 140 \\ -\ \ 96 \\ \hline \end{array}$$

⑤
$$\begin{array}{r} 164 \\ -\ \ 77 \\ \hline \end{array}$$

⑥
$$\begin{array}{r} 180 \\ -\ \ 81 \\ \hline \end{array}$$

うんこ文章題(ぶんしょうだい)に チャレンジ！ 5

150だんの かいだんの いちばん上から，下に むかって うんこが ころがりおちています。今(いま)，76だん分(ぶん) おちました。
下に つくまで あと 何(なん)だん ありますか。

ひっ算

しき

答(こた)え ＿＿＿＿＿＿ だん

くり下がりが 2回（かい） ある ひき算（ざん）の ひっ算②

今日のせいせき
まちがいが
0~2こ よくできたね！

3~5こ できたね

6こ~ がんばれ

くり下がりが ある ひき算（ざん）の ひっ算で，十のくらいが 0の ときは，百のくらいから じゅんに くり下げて 考（かんが）えよう。

1 106－58の ひっ算の しかたを 考えます。

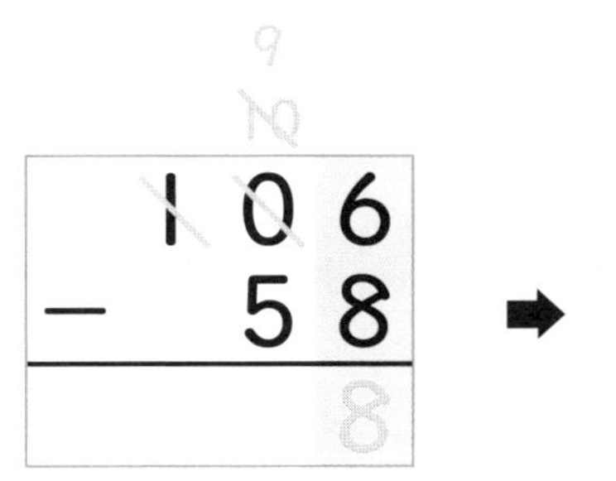

	9 10	
1	0	6
－	5	8
	4	8

❶ くらいを たてに そろえて 書（か）く。
❷ 一のくらいを 計算（けいさん）する。十のくらいからは くり下げられないので，百のくらいから 十のくらいに 1 くり下げ，十のくらいから 一のくらいに 1 くり下げる。
❸ 1 くり下げた ことに ちゅういして，十のくらいを 計算する。

2 ひっ算を しましょう。

①
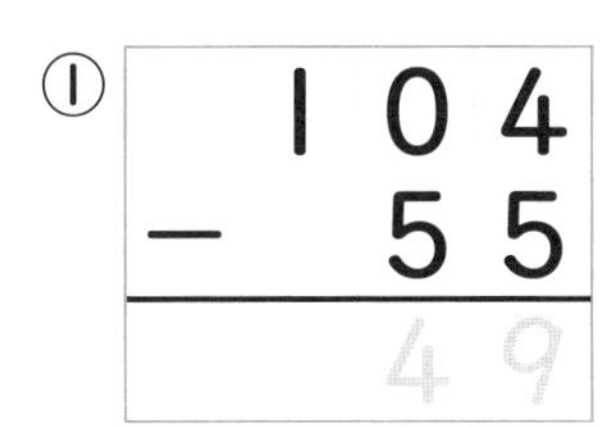
104
－ 55

49

②
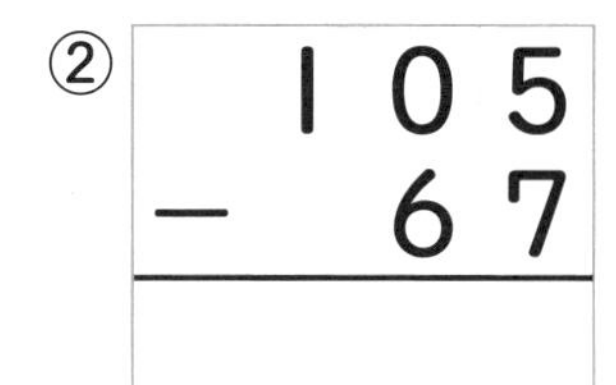
105
－ 67

③ 102
－ 7

④ 100
－ 24

3 ひっ算（さん）を　しましょう。

① $\begin{array}{r} 104 \\ -\ \ 88 \\ \hline 16 \end{array}$

② $\begin{array}{r} 105 \\ -\ \ 16 \\ \hline \end{array}$

③ $\begin{array}{r} 106 \\ -\ \ 39 \\ \hline \end{array}$

④ $\begin{array}{r} 100 \\ -\ \ 74 \\ \hline \end{array}$

⑤ $\begin{array}{r} 102 \\ -\ \ \ 8 \\ \hline \end{array}$

⑥ $\begin{array}{r} 108 \\ -\ \ 99 \\ \hline \end{array}$

おしゃれ！

うんこファッションカタログ

unko fashion catalog

4

うんこリング

unko ring

□7700円（1こ）

いくつ つけるかは きみしだい！

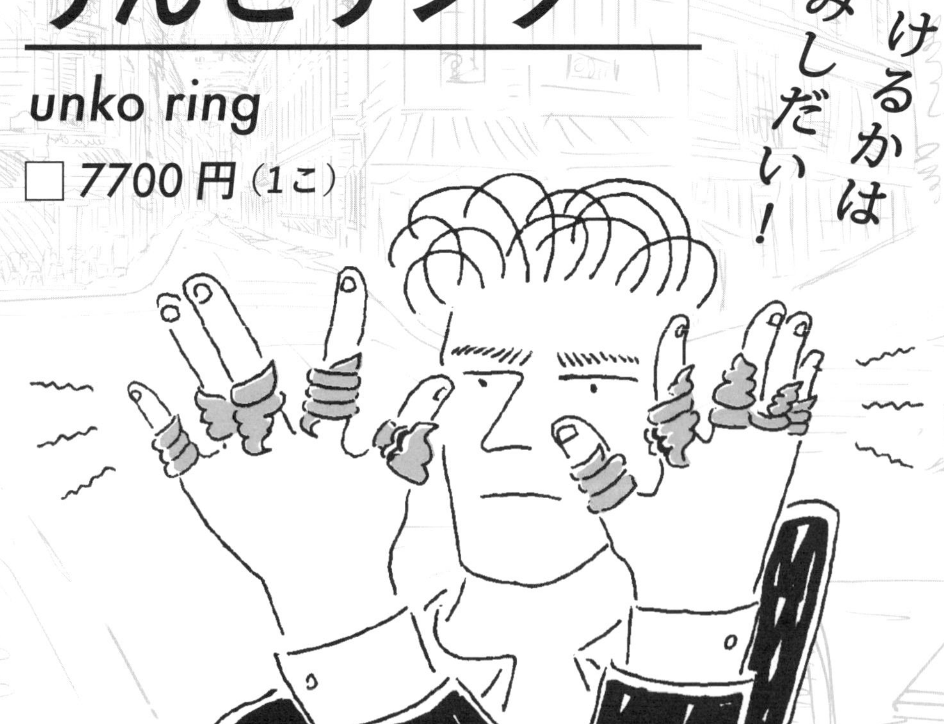

くり下がりが 2回 ある ひき算の ひっ算③

今日のせいせき
まちがいが
0~2こ よくできたね！
3~5こ できたね
6こ~ がんばれ

くり下がりが あるか ないかに 気を つけて，ていねいに 計算しよう。

 ひっ算で しましょう。

① 166－78

$$\begin{array}{r} 166 \\ -\ \ 78 \\ \hline \end{array}$$

② 110－47

③ 101－7

④ 128－29

⑤ 165－86

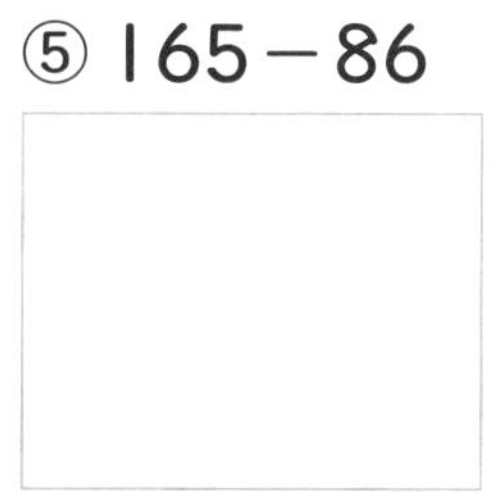

⑥ 123－97

⑦ 150－75

⑧ 105－68

⑨ 100－4

⑩ 172－93

2 ひっ算(さん)で　しましょう。

① 134－77

	1	3	4
－		7	7

② 140－56

③ 106－8

④ 105－29

⑤ 131－95

⑥ 140－49

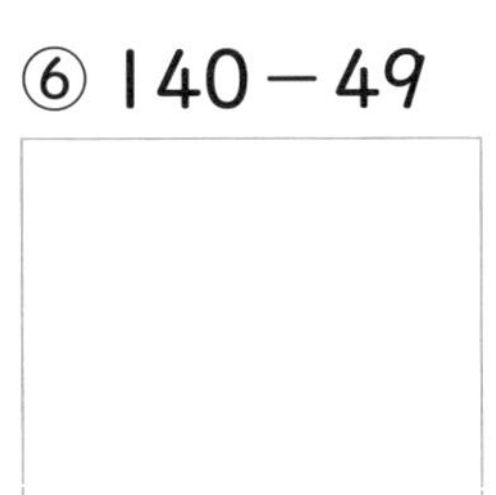

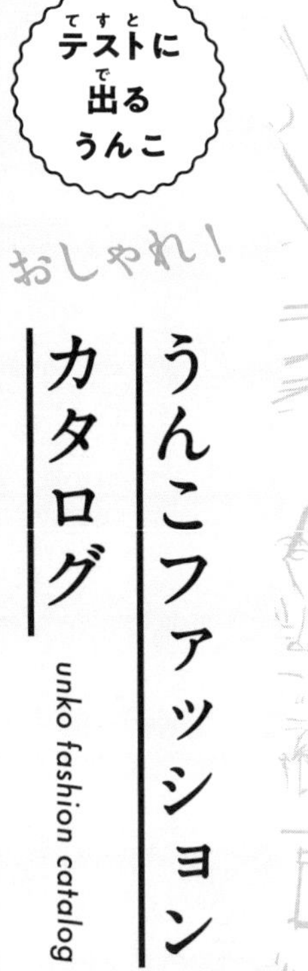

うんこサングラス

unko sunglasses

□65000円

くり下がりが 2回(かい) ある ひき算(ざん)の ひっ算④

まちがえた ひっ算(さん)は，できるように なるまで 何(なん)ども やり直(なお)そう。

1 ひっ算で　しましょう。

① 125－68

	1	2	5
－		6	8

② 130－37

③ 105－6

④ 100－34

⑤ 181－83

⑥ 103－48

⑦ 170－76

⑧ 105－9

⑨ 100－1

⑩ 142－65

うんこ先生からの

ちょうせんじょう 3

~計算(けいさん)しりとり~

計算の 答(こた)えを つぎの 計算の はじめに 書(か)いて，しりとりを しよう。

$$\begin{array}{r} 96 \\ -42 \\ \hline 54 \end{array}$$

↓

$$\begin{array}{r} 54 \\ -17 \\ \hline \square \end{array}$$

↓

$$\begin{array}{r} \square \\ -29 \\ \hline \square \end{array}$$

→

$$\begin{array}{r} \square \\ +134 \\ \hline \square \end{array}$$

たし算だよ!

↓

$$\begin{array}{r} \square \\ -36 \\ \hline \square \end{array}$$

↓

$$\begin{array}{r} \square \\ -56 \\ \hline 50 \end{array}$$

さい後(ご)の 答えを 50に できたかな？

3けたの 数の ひき算の ひっ算①

今日のせいせき

まちがいが

0~2こ よくできたね！

3~5こ できたね

6こ~ がんばれ

数が 大きく なっても，今までと やり方は 同じだよ。
百のくらいに 答えを 書く ことを わすれないようにね。

1 356−32の ひっ算の しかたを 考えます。

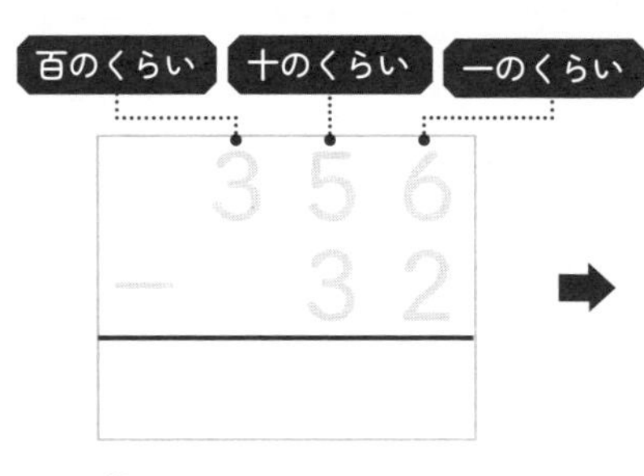

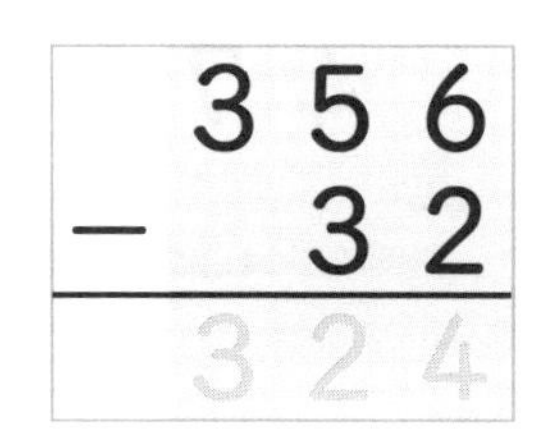

❶ くらいを たてに そろえて 書く。

❷ 一のくらいから くらいごとに 計算する。百のくらいに 3を 書く。

2 ひっ算を しましょう。

① $859 - 45 =$ 814

② $521 - 16 =$

③ $642 - 5 =$

④ $470 - 58 =$

⑤ $794 - 73 =$

⑥ $228 - 7 =$

3 ひっ算を　しましょう。

①

$$\begin{array}{r} 246 \\ -\ \ 38 \\ \hline 208 \end{array}$$

②

$$\begin{array}{r} 659 \\ -\ \ 28 \\ \hline \end{array}$$

③

$$\begin{array}{r} 477 \\ -\ \ \ 6 \\ \hline \end{array}$$

④

$$\begin{array}{r} 570 \\ -\ \ 54 \\ \hline \end{array}$$

⑤

$$\begin{array}{r} 625 \\ -\ \ \ 8 \\ \hline \end{array}$$

⑥

$$\begin{array}{r} 783 \\ -\ \ \ 9 \\ \hline \end{array}$$

うんこ文章題に チャレンジ！ 6

452円の「レインボータイガーうんこ」と，47円の「ふつうの　うんこ」が売られています。
「レインボータイガーうんこ」は，「ふつうの　うんこ」より何円　高いですか。

ひっ算

しき

答え　＿＿＿＿＿＿円

3けたの 数の ひき算の ひっ算②

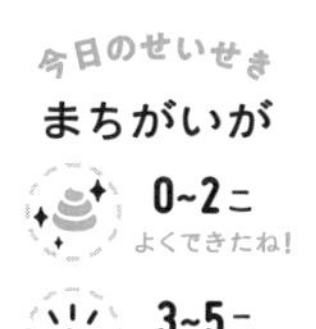

数が 大きく なっても，くらいを たてに そろえて 書き，くらいごとに 計算する ことを わすれずにね。

1 ひっ算で しましょう。

① 562 − 62

  5 6 2
− 　6 2

② 810 − 9

③ 473 − 56

④ 891 − 69

⑤ 348 − 25

⑥ 290 − 52

⑦ 509 − 5

⑧ 749 − 29

⑨ 631 − 16

⑩ 955 − 47

ひっ算(さん)で　しましょう。

① 578－72

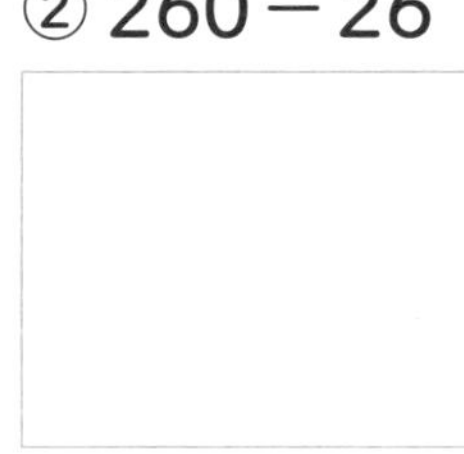

② 260－26

③ 317－7

④ 456－47

⑤ 928－20

⑥ 870－52

テスト(てすと)に出(で)るうんこ

おしゃれ！

うんこファッションカタログ

unko fashion catalog

6

きみも「うんこファッション」を考(かんが)えて　みよう！

考えた「うんこファッション」の　名前(なまえ)

絵(え)を　かこう！

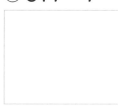

3けたの 数(かず)の ひき算(ざん)の ひっ算③

今日のせいせき
まちがいが
0~2こ よくできたね！
3~5こ できたね
6こ~ がんばれ

くり下がりが あるか ないかに 気を つけて、ていねいに 計算(けいさん)しよう。

1 ひっ算で しましょう。

① 445－32

4 4 5
－ 3 2

② 860－46

③ 257－29

④ 346－4

⑤ 758－15

⑥ 690－82

⑦ 524－8

⑧ 769－43

⑨ 965－9

⑩ 826－17

うんこ先生からの

ちょうせんじょう 4

～漢字の 計算～

つぎの 漢字を たしたり，ひいたり して できる 漢字を 書こう。

① 間 － 日 ＝ □

② 姉 － 女 ＝ □

③ 肉 － 人 ＝ □

④ 立 ＋ 木 ＋ 見 ＝ □

⑤ 三 ＋ 人 ＋ 日 ＝ □

答えは すべて ２年生で ならう 漢字じゃぞ！

18 かくにんテスト 2

点

今日のせいせき
まちがいが
0~2こ よくできたね！
3~5こ できたね
6こ~ がんばれ

1 ひき算を　しましょう。

〈1つ　2点〉

① 130－50　② 600－300

③ 203－3　④ 170－80

⑤ 870－70　⑥ 500－300

⑦ 140－90　⑧ 909－9

⑨ 620－20　⑩ 800－600

2 ひっ算を　しましょう。

〈1つ　3点〉

① $\begin{array}{r} 167 \\ -\ \ 81 \\ \hline \end{array}$　② $\begin{array}{r} 154 \\ -\ \ 76 \\ \hline \end{array}$　③ $\begin{array}{r} 105 \\ -\ \ 38 \\ \hline \end{array}$

④ $\begin{array}{r} 569 \\ -\ \ 53 \\ \hline \end{array}$　⑤ $\begin{array}{r} 832 \\ -\ \ 25 \\ \hline \end{array}$　⑥ $\begin{array}{r} 187 \\ -\ \ 98 \\ \hline \end{array}$

3 ひっ算で　しましょう。

〈1つ　3点〉

① 114－26

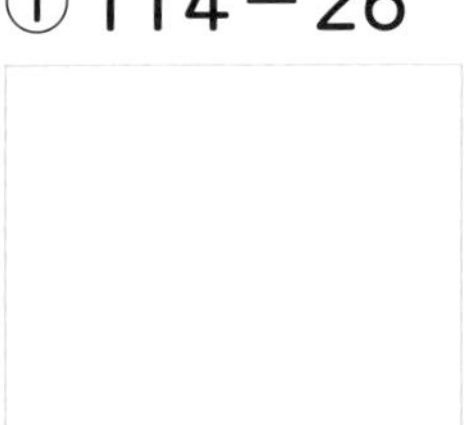

② 127－43

③ 428－17

④ 101－87

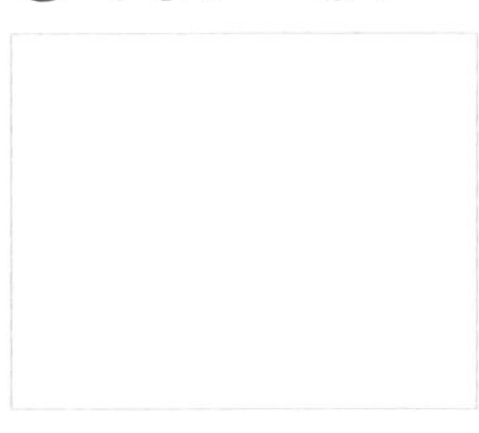

⑤ 158－92

⑥ 731－28

⑦ 103－56

⑧ 143－49

4 つぎの「うんこファッション」の名前を　書きましょう。

〈38点〉

うんこ

1000を こえる 数

10000までの 数を 知ろう。100や 1000の まとまりで 考えると イメージしやすく なるよ。

今日のせいせき
まちがいが
0~2こ よくできたね！
3~5こ できたね
6こ~ がんばれ

1 下の 数の線を 見て、□に あう 数を 書きましょう。

① 3000 □ 5000 6000 □ 8000 9000 □

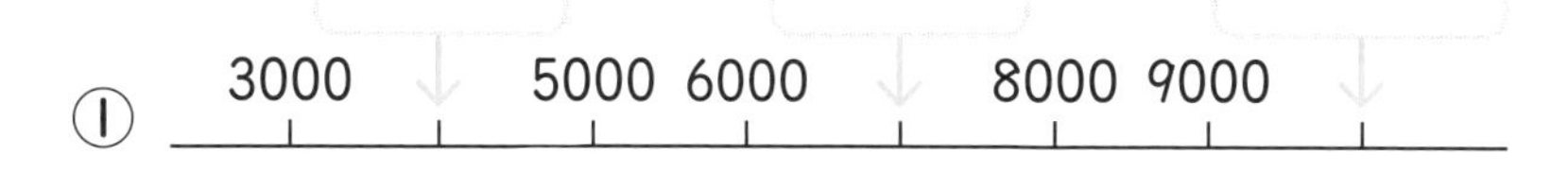

② 9650 9700 □ 9800 9850 9900 □ 10000

③ 9993 9994 □ 9996 □ 9998 □ 10000

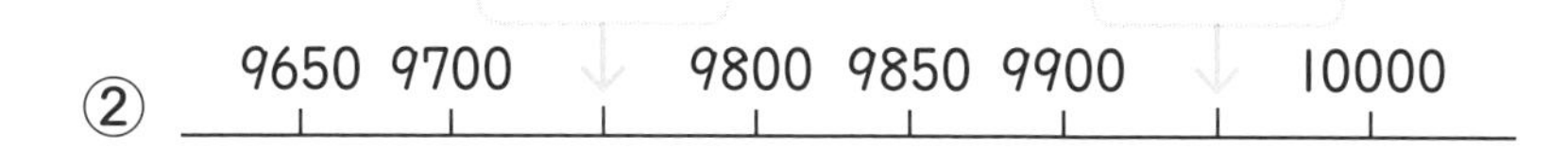

2 7800に ついて、□に あう 数を 書きましょう。

① 7800は、□と 800を あわせた 数です。

② 7800は、8000より □ 小さい 数です。

③ 7800は、100を □こ あつめた 数です。

3 □に あう 数を 書きましょう。

① 1000を 7こ，10を 7こ，1を 9こ

あわせた 数は，□です。

② 9500は，100を □こ あつめた 数です。

③ 100を 100こ あつめた 数は，□です。

4 ひき算を しましょう。

① 600－200

② 900－700

③ 1000－400

④ 1000－300

⑤ 1000－800

⑥ 1000－100

うんこに むかって 1000回「ありがとう」と 言うと，うんこが うごきはじめるそうです。今，600回「ありがとう」と 言いました。あと 何回「ありがとう」と 言うと，うんこは うごきはじめますか。

しき

答え ＿＿＿＿＿＿ 回

まとめテスト

2年生の ひき算(ざん)

今日のせいせき
まちがいが
0~2こ よくできたね！
3~5こ できたね
6こ~ がんばれ

点(てん)

1 ひき算(ざん)を しましょう。 〈1つ 2点〉

① 150－80
② 800－400
③ 1000－200
④ 160－70
⑤ 1000－700
⑥ 700－600
⑦ 1000－500
⑧ 1000－900

2 ひっ算を しましょう。 〈1つ 2点〉

① 85－12
② 48－2
③ 93－26
④ 50－23
⑤ 57－43
⑥ 61－4
⑦ 45－14
⑧ 81－9
⑨ 90－70
⑩ 78－46
⑪ 90－64
⑫ 94－45

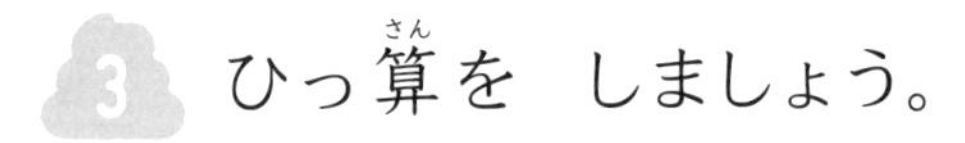

3 ひっ算(さん)を しましょう。

〈1つ 2点(てん)〉

① $\begin{array}{r} 139 \\ -\ \ 64 \\ \hline \end{array}$

② $\begin{array}{r} 181 \\ -\ \ 82 \\ \hline \end{array}$

③ $\begin{array}{r} 277 \\ -\ \ 34 \\ \hline \end{array}$

④ $\begin{array}{r} 162 \\ -\ \ 87 \\ \hline \end{array}$

⑤ $\begin{array}{r} 143 \\ -\ \ 85 \\ \hline \end{array}$

⑥ $\begin{array}{r} 108 \\ -\ \ 79 \\ \hline \end{array}$

⑦ $\begin{array}{r} 856 \\ -\ \ \ 9 \\ \hline \end{array}$

⑧ $\begin{array}{r} 102 \\ -\ \ 95 \\ \hline \end{array}$

⑨ $\begin{array}{r} 385 \\ -\ \ 68 \\ \hline \end{array}$

⑩ $\begin{array}{r} 157 \\ -\ \ 67 \\ \hline \end{array}$

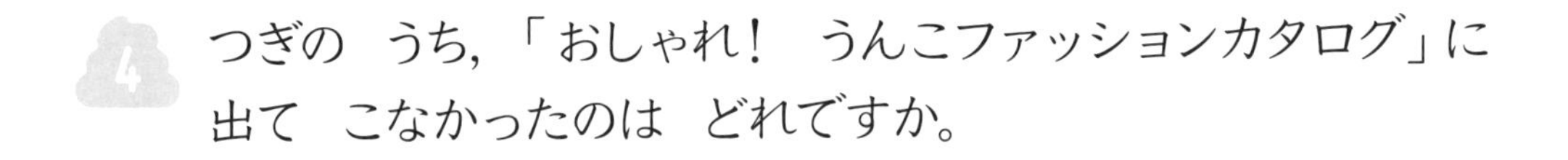

4 つぎの うち，「おしゃれ！ うんこファッションカタログ」に出て こなかったのは どれですか。

〈40点〉

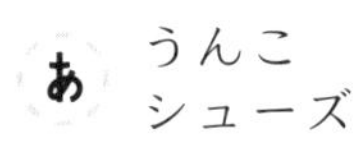

あ うんこ シューズ

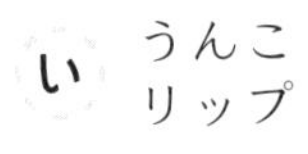

い うんこ リップ

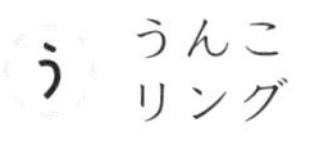

う うんこ リング

え うんこ ハット

答え

1ページ

1年生で ならった ひき算

1年生で ならった ひき算の ふくしゅうだよ。
くり下がりの ある ひき算は，10いくつを
10と いくつに 分けて 考えるんだったね。

今日のせいせき まちがいが
0~2こ よくできたね！
3~5こ できたね
6こ~ がんばれ

1 ひき算を しましょう。

① 4－3＝1	② 5－2＝3
③ 10－3＝7	④ 10－8＝2
⑤ 6－0＝6	⑥ 5－5＝0
⑦ 14－4＝10	⑧ 12－2＝10
⑨ 17－5＝12	⑩ 16－3＝13
⑪ 19－4＝15	⑫ 14－1＝13
⑬ 13－4＝9	⑭ 11－5＝6
⑮ 14－6＝8	⑯ 12－8＝4
⑰ 17－8＝9	⑱ 15－9＝6
⑲ 12－5＝7	⑳ 16－8＝8
㉑ 13－6＝7	㉒ 11－9＝2

1

2ページ

2 ひき算を しましょう。

① 9－2－2＝5	② 7－3－1＝3
③ 10－4－5＝1	④ 18－8－4＝6
⑤ 80－50＝30	⑥ 100－30＝70
⑦ 39－9＝30	⑧ 87－7＝80
⑨ 55－4＝51	⑩ 67－2＝65
⑪ 29－7＝22	⑫ 98－5＝93

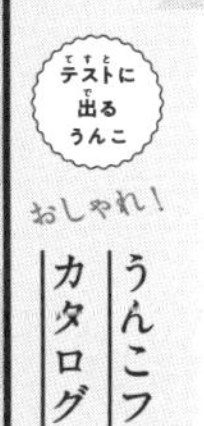

おしゃれ！
うんこファッションカタログ
unko fashion catalog
1

うんこハット
unko hat

ちょっとしたパーティーなどに…

□11810円

2

3ページ

2 くり下がりの ない ひき算の ひっ算①

一のくらいは 一のくらいどうし，十のくらいは
十のくらいどうしで それぞれ 計算するよ。

今日のせいせき まちがいが
0~2こ よくできたね！
3~5こ できたね
6こ~ がんばれ

1 37－15の ひっ算の しかたを 考えます。

十のくらい 一のくらい

$\begin{array}{r} 37 \\ -15 \\ \hline \end{array}$ ➡ $\begin{array}{r} 37 \\ -15 \\ \hline 2 \end{array}$ ➡ $\begin{array}{r} 37 \\ -15 \\ \hline 22 \end{array}$

❶ くらいを たてに そろえて 書く。
❷ 一のくらいを 計算する。
❸ 十のくらいを 計算する。

2 ひっ算を しましょう。

① $\begin{array}{r} 58 \\ -26 \\ \hline 32 \end{array}$　② $\begin{array}{r} 72 \\ -41 \\ \hline 31 \end{array}$　③ $\begin{array}{r} 70 \\ -20 \\ \hline 50 \end{array}$

④ $\begin{array}{r} 68 \\ -52 \\ \hline 16 \end{array}$　⑤ $\begin{array}{r} 76 \\ -6 \\ \hline 70 \end{array}$　⑥ $\begin{array}{r} 95 \\ -40 \\ \hline 55 \end{array}$

⑦ $\begin{array}{r} 38 \\ -3 \\ \hline 35 \end{array}$　⑧ $\begin{array}{r} 44 \\ -40 \\ \hline 4 \end{array}$　⑨ $\begin{array}{r} 89 \\ -82 \\ \hline 7 \end{array}$

3

4ページ

3 ひっ算を しましょう。

① $\begin{array}{r} 25 \\ -13 \\ \hline 12 \end{array}$　② $\begin{array}{r} 57 \\ -25 \\ \hline 32 \end{array}$　③ $\begin{array}{r} 80 \\ -40 \\ \hline 40 \end{array}$

④ $\begin{array}{r} 95 \\ -21 \\ \hline 74 \end{array}$　⑤ $\begin{array}{r} 49 \\ -9 \\ \hline 40 \end{array}$　⑥ $\begin{array}{r} 39 \\ -16 \\ \hline 23 \end{array}$

⑦ $\begin{array}{r} 64 \\ -2 \\ \hline 62 \end{array}$　⑧ $\begin{array}{r} 28 \\ -17 \\ \hline 11 \end{array}$　⑨ $\begin{array}{r} 53 \\ -50 \\ \hline 3 \end{array}$

うんこを 頭に のせた おじさんが
公園に 56人 あつまって います。
夜に なると，24人が いなく なりました。
のこった おじさんは 何人ですか。

ひっ算

$\begin{array}{r} 56 \\ -24 \\ \hline 32 \end{array}$

しき 56－24＝32

答え 32人

4

答え

5ページ

3 くり下がりの ない ひき算の ひっ算②

ひっ算を する ときは、くらいを たてに そろえて 書くよ。しっかり れんしゅうしよう。

今日のせいせき まちがいが
0-2こ よくできたね!
3-5こ できたね
6こ- がんばれ

1 ひっ算で しましょう。

① 44−31 → 13
② 78−54 → 24
③ 98−78 → 20
④ 58−6 → 52

ひっ算は、くらいごとに たてに そろえて 書こう。
× 58 −6　○ 58 − 6

⑤ 77−3 → 74
⑥ 53−20 → 33
⑦ 66−41 → 25
⑧ 84−50 → 34
⑨ 70−30 → 40
⑩ 38−8 → 30
⑪ 69−32 → 37
⑫ 86−2 → 84
⑬ 97−34 → 63

7ページ

4 くり下がりの ある ひき算の ひっ算①

一のくらいの ひき算で、くり下がりの ある ひっ算だよ。くり下げた ことに 気を つけて 計算しよう。

今日のせいせき まちがいが
0-2こ よくできたね!
3-5こ できたね
6こ- がんばれ

1 45−28の ひっ算の しかたを 考えます。

十のくらい 一のくらい

45 −28 → 3 45 −28 7 → 3 45 −28 17

❶ くらいを たてに そろえて 書く。
❷ 5から 8は ひけないので、十のくらいから 1 くり下げて 計算する。
❸ くり下げた ことに ちゅういして、十のくらいを 計算する。

2 ひっ算を しましょう。

① 23−16 → 7
② 52−27 → 25
③ 43−17 → 26
④ 75−18 → 57
⑤ 34−5 → 29
⑥ 60−24 → 36
⑦ 40−32 → 8
⑧ 82−67 → 15
⑨ 51−3 → 48

6ページ

2 ひっ算で しましょう。

① 54−42 → 12
② 27−4 → 23
③ 18−15 → 3
④ 80−20 → 60
⑤ 96−95 → 1
⑥ 65−5 → 60
⑦ 48−16 → 32
⑧ 79−28 → 51
⑨ 88−70 → 18

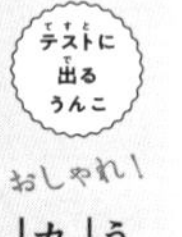

おしゃれ!

うんこファッションカタログ

unko fashion catalog

2

□9600円

8ページ

3 ひっ算を しましょう。

① 31−14 → 17
② 91−2 → 89
③ 63−45 → 18
④ 80−37 → 43
⑤ 41−28 → 13
⑥ 53−9 → 44
⑦ 73−59 → 14
⑧ 20−11 → 9
⑨ 86−17 → 69

たつきくんが うんこを がまんしながら、85もん ある テストを といて います。今、68もん おわりました。すべて といてから トイレに 行くと すると、あと 何もん とかないと いけませんか。

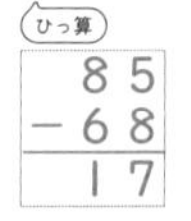

しき $85 - 68 = 17$

答え 17もん

答え

9ページ

くり下がりの ある ひき算の ひっ算②

くり下がりが ある ときは，くり下げた ことを わすれないように，線を ひくなど しるしを つけよう。

今日のせいせき まちがいが 0-2こ よくできたね！ 3-5こ できたね 6こ～ がんばれ

1 ひっ算で しましょう。

くり下げた 数に しるしを つけて，くり下げた あとの 数を 上に 書く ことで，まちがいを へらせるよ。（5 / 6̸5 / −37）

① 65−37	28
② 24−15	9
③ 82−4	78
④ 73−35	38
⑤ 62−7	55
⑥ 55−48	7
⑦ 40−25	15
⑧ 85−47	38
⑨ 35−6	29
⑩ 70−54	16
⑪ 61−16	45
⑫ 20−14	6
⑬ 43−9	34

11ページ

6 くり下がりの ある ひき算の ひっ算③

くり下がった あとの 数を 書いて おく ことで，ひっ算の まちがいを へらせるよ。

今日のせいせき まちがいが 0-2こ よくできたね！ 3-5こ できたね 6こ～ がんばれ

1 ひっ算を しましょう。

① 42−18	24
② 72−6	66
③ 61−47	14
④ 94−9	85
⑤ 30−25	5
⑥ 54−38	16

2 ひっ算で しましょう。

① 87−29	58
② 52−4	48
③ 92−17	75
④ 60−13	47
⑤ 44−8	36
⑥ 76−27	49
⑦ 90−1	89
⑧ 71−34	37
⑨ 95−88	7

10ページ

2 ひっ算で しましょう。

① 52−15	37
② 33−27	6
③ 60−52	8
④ 41−2	39
⑤ 74−59	15
⑥ 95−77	18
⑦ 23−5	18
⑧ 82−29	53
⑨ 50−3	47

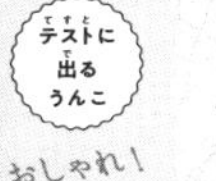

おしゃれ！うんこファッションカタログ unko fashion catalog 3

うんこシューズ

unko shoes

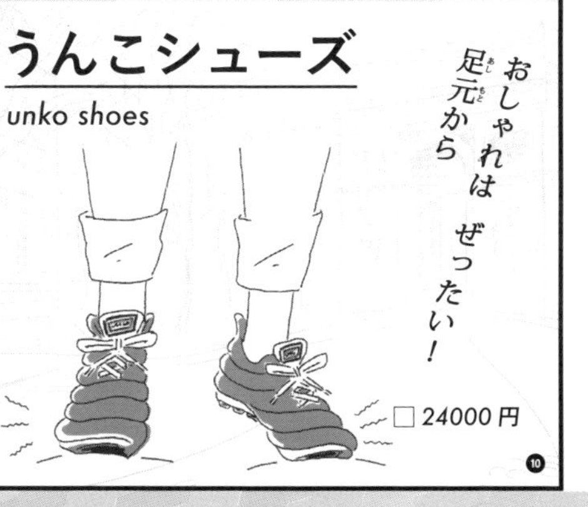

おしゃれは 足元から ぜったい！

□ 24000円

12ページ

うんこ先生からの ちょうせんじょう 1

～だれの うんこかな？～

うんこを 15こ したのは だれかな？ みんなの お話を 読んで 考えよう。

それぞれ うんこを 何こ したのかも 書こう。

20こより 4こ 少なかったよ。

ゾウ 16こ

ゾウさんより 5こ 多かったよ。

パンダ 21こ

パンダさんより 12こ 少なかったよ。

キリン 9こ

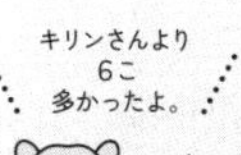

キリンさんより 6こ 多かったよ。

カバ 15こ

15この うんこは，カバ の うんこ。

答え

13ページ

かくにんテスト 1

今日のせいせき まちがいが 0-2こ よくできたね! 3-5こ できたね 6こ～ がんばれ

点

1 答えが 30より 小さく なる しきを すべて えらんで，記ごうを 書きましょう。（ぜんぶ できて 10点）

あ 46－23 =23	い 43－12 =31	う 61－29 =32
え 56－28 =28	お 74－47 =27	か 92－61 =31
き 81－47 =34	く 68－39 =29	け 38－7 =31

あ，え，お，く

2 ひっ算を しましょう。（1つ 3点）

① 51－46＝5 ② 35－24＝11 ③ 20－18＝2

④ 63－12＝51 ⑤ 42－5＝37 ⑥ 98－55＝43

⑦ 70－25＝45 ⑧ 67－4＝63 ⑨ 91－43＝48

15ページ

8 100を こえる 数

今日のせいせき まちがいが 0-2こ よくできたね! 3-5こ できたね 6こ～ がんばれ

1000までの 数を 知ろう。100が いくつ，10が いくつ，1が いくつかを 考えると イメージしやすいよ。

1 □に あう 数を 書きましょう。

① 五百二十三を 数字で あらわすと，**523** です。

② 七百六を 数字で あらわすと，**706** です。

③ 100を 8こ，10を 7こ，1を 3こ あわせた 数は，**873** です。

④ 1000より 60 小さい 数は，**940** です。

⑤ 1000より 1 小さい 数は，**999** です。

2 ひき算を しましょう。

① 140－60＝**80** ② 160－90＝**70**

③ 130－80＝**50** ④ 110－30＝**80**

⑤ 150－90＝**60** ⑥ 120－50＝**70**

⑦ 130－70＝**60** ⑧ 180－90＝**90**

14ページ

3 ひっ算で しましょう。（1つ 3点）

① 36－11＝25 ② 43－26＝17 ③ 84－80＝4

④ 58－35＝23 ⑤ 61－37＝24 ⑥ 47－2＝45

⑦ 73－8＝65 ⑧ 80－50＝30 ⑨ 75－22＝53

⑩ 40－37＝3 ⑪ 66－24＝42 ⑫ 90－49＝41

4 つぎの 絵に あう「うんこファッション」は どれですか。（27点）

あ うんこハット

(い) うんこマフラー

う うんこシューズ

16ページ

3 ひき算を しましょう。

① 700－400＝**300** ② 400－300＝**100**

③ 900－200＝**700** ④ 900－500＝**400**

⑤ 600－400＝**200** ⑥ 800－300＝**500**

4 ひき算を しましょう。

① 260－60＝**200** ② 404－4＝**400**

③ 580－80＝**500** ④ 990－90＝**900**

⑤ 603－3＝**600** ⑥ 709－9＝**700**

うんこ文章題に チャレンジ! 3

てつぼうに うんこが 150こ ぶら下がって います。
権田原先生が 70こ 引きちぎりました。
てつぼうに ぶら下がって いる うんこは 何こに なりましたか。

しき 150－70＝80

答え 80こ

答え

17ページ

百のくらいから くり下がる ひき算の ひっ算①

十のくらいの 計算で ひけない ときは，百のくらいから くり下げるよ。くり下げた ことを わすれないようにね。

今日のせいせき まちがいが
- 0~2こ よくできたね!
- 3~5こ できたね
- 6こ~ がんばれ

1 168−95の ひっ算の しかたを 考えます。

百のくらい　十のくらい　一のくらい

	百	十	一
	1	6	8
−		9	5
			3

➡

	百	十	一
	~~1~~	6	8
−		9	5
		7	3

❶ くらいを たてに そろえて 書く。
❷ 一のくらいを 計算する。
❸ 十のくらいを 計算する。6から 9は ひけないので，百のくらいから 1 くり下げる。

2 ひっ算を しましょう。

① 136 − 43 = 93
② 157 − 75 = 82
③ 129 − 51 = 78
④ 175 − 90 = 85
⑤ 144 − 83 = 61
⑥ 108 − 12 = 96

19ページ

10 百のくらいから くり下がる ひき算の ひっ算②

くらいを たてに そろえて 書き，くらいごとに 計算して いく ことを しっかり みに つけよう。

今日のせいせき まちがいが
- 0~2こ よくできたね!
- 3~5こ できたね
- 6こ~ がんばれ

1 ひっ算で しましょう。

① 117−20　117 − 20 = 97
② 166−71　166 − 71 = 95
③ 177−93　177 − 93 = 84
④ 132−40　132 − 40 = 92
⑤ 101−11　101 − 11 = 90
⑥ 146−84　146 − 84 = 62
⑦ 159−60　159 − 60 = 99
⑧ 125−82　125 − 82 = 43
⑨ 188−97　188 − 97 = 91
⑩ 107−74　107 − 74 = 33

18ページ

3 ひっ算を しましょう。

① 117 − 64 = 53
② 149 − 72 = 77
③ 133 − 51 = 82
④ 126 − 50 = 76
⑤ 185 − 95 = 90
⑥ 159 − 81 = 78

お父さんは 135しゅるいの うんこを もって います。ぼくは 63しゅるいの うんこを もって います。お父さんは，ぼくより 何しゅるい 多くの うんこを もって いますか。

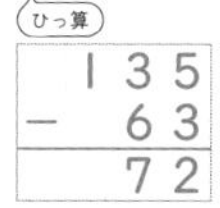
ひっ算

135 − 63 = 72

しき　135−63＝72

答え　72 しゅるい

20ページ

うんこ先生からの

~どんな 顔？~

うんこ先生から いろいろな ものを ひくと どう なるかな？
下の ㋐~㋒から えらんで，□に 書こう。

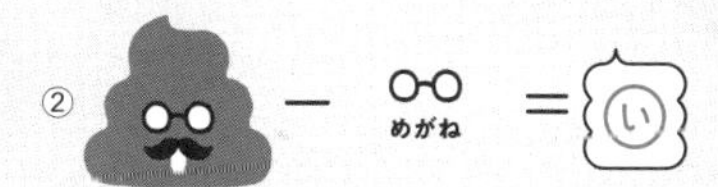

どれに なるかな？

㋐ 

㋑ 

㋒ 

答(こた)え

21ページ

11 くり下がりが 2回 ある ひき算の ひっ算①

今日のせいせき まちがいが 0-2こ よくできたね! 3-5こ できたね 6こ- がんばれ

十のくらい、百のくらいから それぞれ くり下がりが ある ひき算の ひっ算だよ。

1 135−48の ひっ算の しかたを 考えます。

135 − 48 = 7（一のくらい） ➡ 135 − 48 = 87

❶ くらいを たてに そろえて 書く。
❷ 一のくらいを 計算する。5から 8は ひけないので、十のくらいから 1 くり下げる。

❸ 1 くり下げた ことに ちゅういして、十のくらいを 計算する。2から 4は ひけないので、百のくらいから 1 くり下げる。

2 ひっ算を しましょう。

① 111 − 25 = 86
② 134 − 85 = 49
③ 143 − 46 = 97
④ 162 − 74 = 88
⑤ 185 − 96 = 89
⑥ 150 − 63 = 87

23ページ

12 くり下がりが 2回 ある ひき算の ひっ算②

今日のせいせき まちがいが 0-2こ よくできたね! 3-5こ できたね 6こ- がんばれ

くり下がりが ある ひき算の ひっ算で、十のくらいが 0の ときは、百のくらいから じゅんに くり下げて 考えよう。

1 106−58の ひっ算の しかたを 考えます。

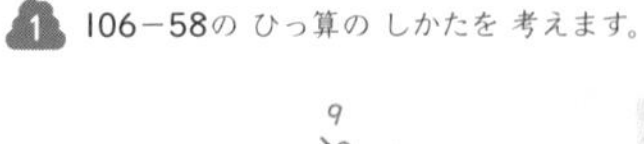

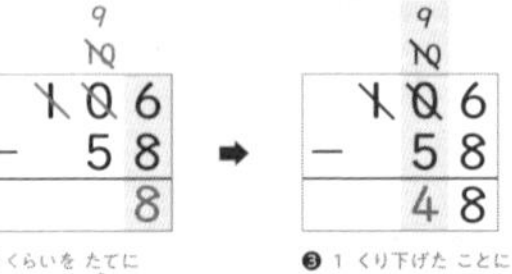

106 − 58 = 8（一のくらい） ➡ 106 − 58 = 48

❶ くらいを たてに そろえて 書く。
❷ 一のくらいを 計算する。十のくらいからは くり下げられないので、百のくらいから 十のくらいに 1 くり下げ、十のくらいから 一のくらいに 1 くり下げる。

❸ 1 くり下げた ことに ちゅういして、十のくらいを 計算する。

2 ひっ算を しましょう。

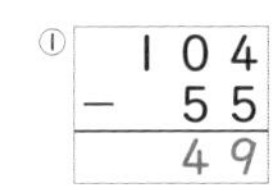

① 104 − 55 = 49
② 105 − 67 = 38
③ 102 − 7 = 95
④ 100 − 24 = 76

22ページ

3 ひっ算を しましょう。

① 156 − 88 = 68
② 138 − 59 = 79
③ 124 − 28 = 96
④ 140 − 96 = 44
⑤ 164 − 77 = 87
⑥ 180 − 81 = 99

うんこ文章題に チャレンジ! 5

150だんの かいだんの いちばん 上から、下に むかって うんこが ころがりおちています。今、76だん分 おちました。
下に つくまで あと 何だん ありますか。

ひっ算: 150 − 76 = 74

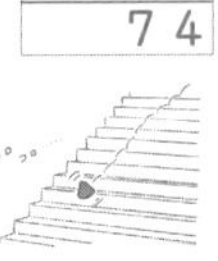

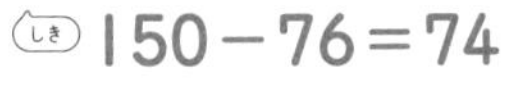

しき 150−76＝74

答え 74 だん

24ページ

3 ひっ算を しましょう。

① 104 − 88 = 16
② 105 − 16 = 89
③ 106 − 39 = 67
④ 100 − 74 = 26
⑤ 102 − 8 = 94
⑥ 108 − 99 = 9

テストに 出る うんこ

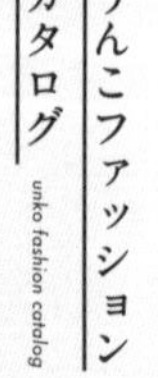

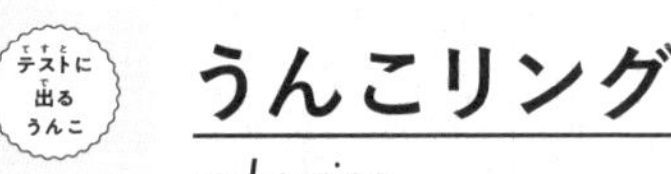

答え

25ページ

くり下がりが 2回 ある ひき算の ひっ算③

くり下がりが あるか ないかに 気を つけて、ていねいに 計算しよう。

今日のせいせき まちがいが
0-2こ よくできたね！
3-5こ できたね
6こ～ がんばれ

1 ひっ算で しましょう。

① 166－78	② 110－47	③ 101－7
166	110	101
－78	－47	－7
88	63	94

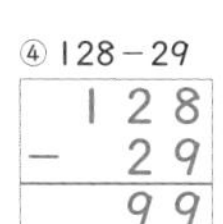

④ 128－29	⑤ 165－86	⑥ 123－97
128	165	123
－29	－86	－97
99	79	26

⑦ 150－75	⑧ 105－68	⑨ 100－4
150	105	100
－75	－68	－4
75	37	96

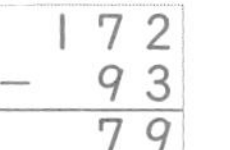

⑩ 172－93
172
－93
79

25

27ページ

14 くり下がりが 2回 ある ひき算の ひっ算④

まちがえた ひっ算は、できるように なるまで 何ども やり直そう。

今日のせいせき まちがいが
0-2こ よくできたね！
3-5こ できたね
6こ～ がんばれ

1 ひっ算で しましょう。

① 125－68	② 130－37	③ 105－6
125	130	105
－68	－37	－6
57	93	99

④ 100－34	⑤ 181－83	⑥ 103－48
100	181	103
－34	－83	－48
66	98	55

⑦ 170－76	⑧ 105－9	⑨ 100－1
170	105	100
－76	－9	－1
94	96	99

⑩ 142－65
142
－65
77

27

26ページ

2 ひっ算で しましょう。

① 134－77	② 140－56	③ 106－8
134	140	106
－77	－56	－8
57	84	98

④ 105－29	⑤ 131－95	⑥ 140－49
105	131	140
－29	－95	－49
76	36	91

うんこサングラス

unko sunglasses

□65000円

おしゃれ！

うんこファッション カタログ

unko fashion catalog

5

26

28ページ

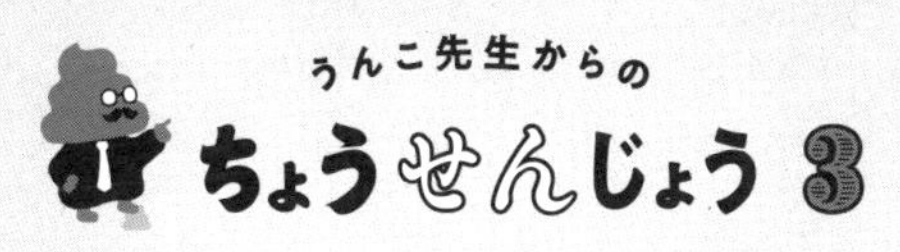

うんこ先生からの
ちょうせんじょう 3

～計算しりとり～

計算の 答えを つぎの 計算の はじめに 書いて、しりとりを しよう。

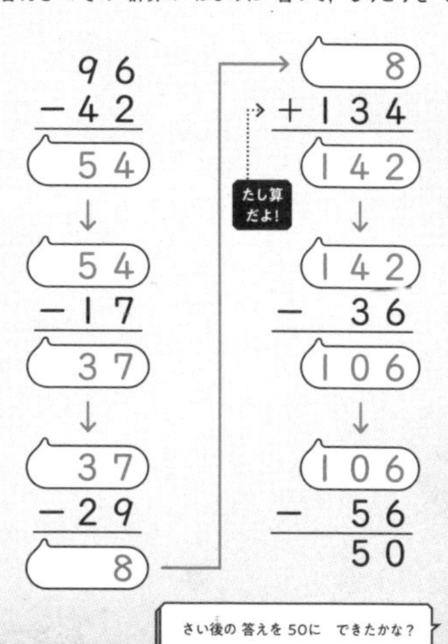

28

答え

29ページ

15 3けたの 数の ひき算の ひっ算①

数が 大きく なっても、今までと やり方は 同じだよ。
百のくらいに 答えを 書く ことを わすれないようにね。

今日のせいせき まちがいが 0-2こ よくできたね！ 3-5こ できたね 6こ～ がんばれ

1 356－32の ひっ算の しかたを 考えます。

百のくらい 十のくらい 一のくらい

```
  356         356
－ 32   ➡   － 32
              324
```

❶ くらいを たてに そろえて 書く。

❷ 一のくらいから くらいごとに 計算する。百のくらいに 3を 書く。

2 ひっ算を しましょう。

① 859－45＝814
② 521－16＝505
③ 642－5＝637
④ 470－58＝412
⑤ 794－73＝721
⑥ 228－7＝221

31ページ

16 3けたの 数の ひき算の ひっ算②

数が 大きく なっても、くらいを たてに そろえて 書き、くらいごとに 計算する ことを わすれずにね。

今日のせいせき まちがいが 0-2こ よくできたね！ 3-5こ できたね 6こ～ がんばれ

1 ひっ算で しましょう。

① 562－62 → 500
② 810－9 → 801
③ 473－56 → 417
④ 891－69 → 822
⑤ 348－25 → 323
⑥ 290－52 → 238
⑦ 509－5 → 504
⑧ 749－29 → 720
⑨ 631－16 → 615
⑩ 955－47 → 908

30ページ

3 ひっ算を しましょう。

① 246－38＝208
② 659－28＝631
③ 477－6＝471
④ 570－54＝516
⑤ 625－8＝617
⑥ 783－9＝774

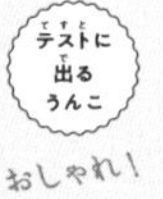

452円の「レインボータイガーうんこ」と、47円の「ふつうの うんこ」が 売られています。
「レインボータイガーうんこ」は、「ふつうの うんこ」より 何円 高いですか。

ひっ算

```
  452
－ 47
  405
```

しき $452-47=405$

答え 405円

32ページ

2 ひっ算で しましょう。

① 578－72 → 506
② 260－26 → 234
③ 317－7 → 310
④ 456－47 → 409
⑤ 928－20 → 908
⑥ 870－52 → 818

テストに 出る うんこ

おしゃれ！ うんこファッション カタログ 6

unko fashion catalog

きみも「うんこファッション」を考えて みよう！
考えた「うんこファッション」の 名前
れい うんこマスク
絵を かこう！

33ページ

3けたの 数の ひき算の ひっ算③

くり下がりが あるか ないかに 気を つけて、ていねいに 計算しよう。

今日のせいせき まちがいが
0-2こ よくできたね!
3-5こ できたね
6こ~ がんばれ

1 ひっ算で しましょう。

① 445 − 32 = 413
② 860 − 46 = 814
③ 257 − 29 = 228
④ 346 − 4 = 342
⑤ 758 − 15 = 743
⑥ 690 − 82 = 608
⑦ 524 − 8 = 516
⑧ 769 − 43 = 726
⑨ 965 − 9 = 956
⑩ 826 − 17 = 809

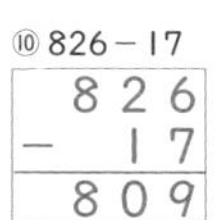

33

34ページ

うんこ先生からの ちょうせんじょう 4

～漢字の 計算～

つぎの 漢字を たしたり、ひいたり して できる 漢字を 書こう。

① 間 − 日 = 門
② 姉 − 女 = 市
③ 肉 − 人 = 内
④ 立 + 木 + 見 = 親
⑤ 三 + 人 + 日 = 春

答えは すべて 2年生で ならう 漢字じゃぞ!

34

35ページ

18 かくにんテスト 2

今日のせいせき まちがいが
0-2こ よくできたね!
3-5こ できたね
6こ~ がんばれ

点

1 ひき算を しましょう。（1つ 2点）

① 130 − 50 = 80
② 600 − 300 = 300
③ 203 − 3 = 200
④ 170 − 80 = 90
⑤ 870 − 70 = 800
⑥ 500 − 300 = 200
⑦ 140 − 90 = 50
⑧ 909 − 9 = 900
⑨ 620 − 20 = 600
⑩ 800 − 600 = 200

2 ひっ算を しましょう。（1つ 3点）

① 167 − 81 = 86
② 154 − 76 = 78
③ 105 − 38 = 67
④ 569 − 53 = 516
⑤ 832 − 25 = 807
⑥ 187 − 98 = 89

35

36ページ

3 ひっ算で しましょう。（1つ 3点）

① 114 − 26 = 88
② 127 − 43 = 84
③ 428 − 17 = 411
④ 101 − 87 = 14
⑤ 158 − 92 = 66
⑥ 731 − 28 = 703
⑦ 103 − 56 = 47
⑧ 143 − 49 = 94

4 つぎの 「うんこファッション」の 名前を 書きましょう。（38点）

答え うんこ サングラス

36

答(こた)え

37ページ

19 1000を こえる 数

10000までの 数を 知ろう。100や 1000の まとまりで 考えると イメージしやすく なるよ。

今日のせいせき まちがいが 0〜2こ よくできたね! 3〜5こ できたね 6こ〜 がんばれ

1 下の 数の線を 見て、□に あう 数を 書きましょう。

① 3000 [4000] 5000 6000 [7000] 8000 9000 [10000]

② 9650 9700 [9750] 9800 9850 9900 [9950] 10000

③ 9993 9994 [9995] 9996 [9997] 9998 [9999] 10000

2 7800に ついて、□に あう 数を 書きましょう。

① 7800は、[7000]と 800を あわせた 数です。

② 7800は、8000より [200] 小さい 数です。

③ 7800は、100を [78]こ あつめた 数です。

39ページ

20 まとめテスト 2年生の ひき算

今日のせいせき まちがいが 0〜2こ よくできたね! 3〜5こ できたね 6こ〜 がんばれ

点

1 ひき算を しましょう。（1つ 2点）

① 150−80=70　② 800−400=400

③ 1000−200=800　④ 160−70=90

⑤ 1000−700=300　⑥ 700−600=100

⑦ 1000−500=500　⑧ 1000−900=100

2 ひっ算を しましょう。（1つ 2点）

① 85−12=73　② 48−2=46　③ 93−26=67　④ 50−23=27

⑤ 57−43=14　⑥ 61−4=57　⑦ 45−14=31　⑧ 81−9=72

⑨ 90−70=20　⑩ 78−46=32　⑪ 90−64=26　⑫ 94−45=49

38ページ

3 □に あう 数を 書きましょう。

① 1000を 7こ、10を 7こ、1を 9こ あわせた 数は、[7079]です。

② 9500は、100を [95]こ あつめた 数です。

③ 100を 100こ あつめた 数は、[10000]です。

4 ひき算を しましょう。

① 600−200=400　② 900−700=200

③ 1000−400=600　④ 1000−300=700

⑤ 1000−800=200　⑥ 1000−100=900

うんこ文章題に チャレンジ! 7

うんこに むかって 1000回「ありがとう」と 言うと、うんこが うごきはじめるそうです。今、600回「ありがとう」と 言いました。あと 何回「ありがとう」と 言うと、うんこは うごきはじめますか。

しき 1000−600=400

答え 400回

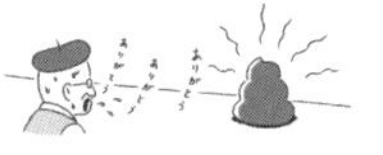

40ページ

3 ひっ算を しましょう。（1つ 2点）

① 139−64=75　② 181−82=99　③ 277−34=243

④ 162−87=75　⑤ 143−85=58　⑥ 108−79=29

⑦ 856−9=847　⑧ 102−95=7　⑨ 385−68=317

⑩ 157−67=90

4 つぎの うち、「おしゃれ! うんこファッションカタログ」に 出て こなかったのは どれですか。（40点）

あ うんこ シューズ　い うんこ リップ　う うんこ リング　え うんこ ハット

計算などで
じゆうに
つかおう！

4

読む順番

矢印の順番に読んでください

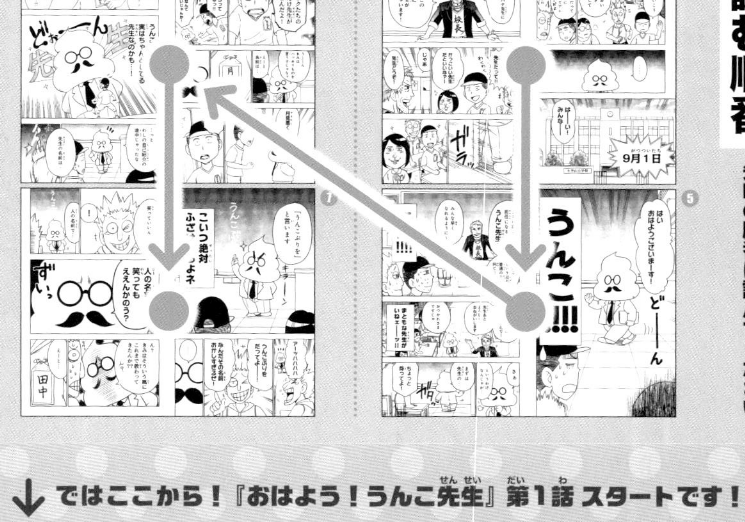

↓ではここから！『おはよう！うんこ先生』第1話 スタートです！

1

2

3

4
9月1日
はーい! みんなー
主手山小学校
……
いこういこう
お…おい たつき どうして
いやァ だって 見るからに やばいってアレ うんこだよ
まぁ たしかに
産休のタチバナ先生にかわって
今日からこの6年2組に新しい先生がいらっしゃいます!
イケメン
校長
おっ! 新しい先生だって!!
わくわく
かっこいい先生だといいなァー
じゃあ
先生どうぞ!
ガラッ
5
はい おはようございまーす!
どーーん
うんこ!!!!
こちら新しく担任になるうんこ先生です
うんこという以外は普通の先生と同じなので
みんな早くなれるように~
無理!!!!
じゃあ私は日焼けサロンに行くのでこれで!
先生あとよろしくおねがいします
おつかれさまですじゃ
まともな先生がいねェーーッ!!
さぁ
というわけなんじゃが…
まずは先生の…
ちょっと待ってよ!
ガタッ

6
なんでボクたちのクラスだけ先生がうんこなんだよ!
小学生だからってバカにしてるっ!!
ズバババ
うんこが授業なんてできるわけないじゃんか!
うーーん きみはハッキリものを言う子じゃなァ
えーと 名前は…
月見里
月見里くんか
……!
ボ…
ボクの名前をまちがえずに一発で読めたッッ
こんな先生はじめてだ…!!!
うんこだけど実はちゃんとしてる先生なのかも…!
どぉーーん
先生
…っと わしの自己紹介の途中じゃったな
先生の名前は…
カッ カッ
7
「うんこぶりを」と言います
キラーーン
うんこぶりを
こいつ絶対ふざけてるよネ
アーッハハハハ
うんこぶりをだってよーー!
なんだその名前おかしすぎるぜ!
……
笑っていいんかのう
!
人の名前で…
うんこぶり
人の名前で笑ってもええんかのう?
ずいっ
ん? きみはそういう風にこれまで教わってきたんか?? ん?
ちげェ
えーと…
田中

田中くん…
ブフッ
ふつう!!!
ぶばっ
たなかて!!
失礼な奴だな!!!
わしが困っとったのに学校の場所を教えてくれんかった…
困っとる人には親切にせんといかんじゃろ?
だ…だって
怪しかったからだよ!!
あんなとこにうんこなんか座ってたら逃げるに決まってるじゃん!!!
ところできみたちは…
昨日わしにウソをついたのう
コホン
?
あ…あやしい…
わしが…
!!
あ
そういえば…
ただうんこってだけじゃろ…???
ガーーン
それで十分だ!!!!!
うーむ どうも日本は遅れとっていかん
もう海外では人とうんこは半々くらいなんじゃが…
さらっとうそをつくな!!!
ピキッ
まぁええ!! とにかくわしはうんこじゃがちゃんとした先生なのじゃ!!
わしが担任になったからには…
きみらを
ナンバーワンにしちゃうのじゃぞい!!!!
くるっ
ナ…
ナンバーワン…!!!
本当に…??
もちじゃッ!! わしには見えるぞい!
きみらがこの町…いや!
この県…いや!
この日本でナンバーワンの…

もういいよ! 絶対ふざけてるこのバカうんこ!!
ふつうの先生がいいよ! 校長先生に言いに行こう
待ってくれ 待ってくれい!!
ちょちょちょ
ドドド
ゾロゾロ
わしを先生として認めるかどうか…
これを見てから判断してほしいのじゃ
ぐ…
ふつうの先生には…
絶対にこんなことできんぞい!!
ぐぐぐ…
おおお~~!!!
おすもうさんになっとる姿が!!!!
なぜ!!!!!!?
ワー ワー
ぼわんっ
ひげ濃くなっただけ~~~~ッ!!!?!
そしてキモイ!
ハァ ハァ ハァ
ウンコパワーUPをつかいすぎた…
バタリ
しかもなんか死にかけてる!!!!
ちぇっ なんだよ 変身でもするのかと思ったじゃん
それならちょっと面白かったのに!!
オレもビーム光線とか出るのかと思ったぜ
出るわけないでしょ! バカばっかね
ゴワッ
変身とビームくらいなら…
……

12
ビュッ
どがあん
こんなんでええなら…
ひゅん…
ブワーン!!
13
バカ男子!!!
キラ キラ キラ キラ キラ
絶対おかしい!
こんなふざけてる先生ダメだよ!
……
何で先生がふざけてたらいかんのじゃ?
ぶり
もうっ!何してるのよ!!
ペシッ
ペシコン
ふり
いかんいかん なんかペースにハメられてる!
……えッ!?
だ…だって先生だろ!? 先生はちゃんとしててボクたちに勉強を教えるのが仕事だ!
ふーむそうか 先生ってちゃんとしてないとダメかいな?
当たり前だろ!

14
「先生とはこうでないと!」
「勉強はまじめにやらないと!」
「男は強くないと!」
「女はお料理ができないと!」
誰がそんなの決めたんじゃ?
先生…!!
たしかにそうだ ボクたちはいつのまにか大切なことを忘れていたのかもしれない!
もともとそんなルールないのに…
勝手に息苦しくしとらんかい??
「みんながこう言うから」じゃなくて自分の頭で考えてみること
わしはそれが一番大事だと思うぞい!
なんか…うんこが先生でもいいような気がしてきたよ!
気軽に「うんこ先生」と呼んでくれい
うんこ先生ー!!
ありがとなのじゃ!
では…
コホン
さっそくじゃが授業を始めてもええかの
うん!!
ほんじゃ最初の授業は…
15
すもうじゃ!!
なんでなの!!!!!
がっぷり
すもうをとりながらボクは思った…
次はわしが相手じゃ
この先生うんこだけど…
いちについて
いやそれ別の競技!
どーーーん
けっこう面白いかも!
〈おはよう!うんこ先生・第1話/おわり〉

うんこドリルセット購入者限定！

学習に役立つ 特別ふろく付き

↓ ご購入は各QRコードから ↓

	小学1年生	小学2年生	小学3年生
漢字セット	漢字セット 2冊 かん字/かん字もんだいしゅう編	漢字セット 2冊 かん字/かん字もんだいしゅう編	漢字セット 2冊 漢字/漢字問題集編
算数セット	算数セット 3冊 たしざん/ひきざん 文しょうだい	算数セット 4冊 たし算/ひき算/かけ算 文しょうだい	算数セット 4冊 たし算・ひき算/かけ算 わり算/文章題
オールインワンセット（全部入り！）	オールインワンセット 7冊 かん字/かん字もんだいしゅう編 たしざん/ひきざん/文しょうだい アルファベット・ローマ字/英単語	オールインワンセット 8冊 かん字/かん字もんだいしゅう編 たし算/ひき算/かけ算/文しょうだい アルファベット・ローマ字/英単語	オールインワンセット 8冊 漢字/漢字問題集編/たし算・ひき算 かけ算/わり算/文章題 アルファベット・ローマ字/英単語

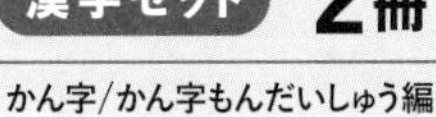

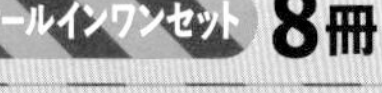
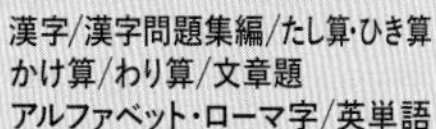

※セットによって特別ふろくの内容は異なります。

遊び感覚だから続けられる！

日本一楽しい学習アプリ

国語 算数 理科 社会 + 英語 教養

第10問:社会
江戸や大阪などの都市に住んで、職人や商人をしていた人の身分を□□という。

むずかしかった

僕も間違えた…

無料体験版

わしもさっそくやってみるぞい！

わからなくても正解できる！

スタート！

第1問:理科
写真の星ざは？
オリオンざ
キレイナホシざ

まずはトライ！ あれ？ この問題、なんとなくわかる！

Level UP!
てんさいパワーが50あがった！！
2470

すごい！練習は全問正解！ 自信がついて、レベルもアップ！

答えは最初と同じ、でも少しだけなやむ問題

第1問:理科
写真の星ざは？
ン オ リ ざ オ
ならびかえて！

さあ本番、偉人と対決！この問題…答えはすでに学習済み！

実は3回目！だからこそわかる問題！

第1問:理科
写真の星ざは？
オリオンざ
カシオペヤざ
1つえらんで！
はくちょうざ

復習も楽しくちょう戦！ もう完ペキ！

もりもり遊んで力をつけて、さあ次のステージへ！

単元にそった学習

確認テスト

うんこ先生
よし！！！
では、うでだめしじゃ！
おぬしの力を見せてくれい！

復習と集中力の特訓

57階とっぱ！

復習と成長の確認

がんばると もらえる うんこグッズも！

くわしい内容や費用はこちらから

小学3年生～6年生対象

※本サービスは予告なく変更する場合がございます。